Abel Hernández-Muñoz

Ensamble de aves del pinar de La Sabina, Banao, Cuba

Abel Hernández-Muñoz

Ensamble de aves del pinar de La Sabina, Banao, Cuba

La comunidad de aves presente en La Sabina, Guamuhaya, Cuba

Editorial Académica Española

Publisher:
Editorial Académica Española
is a trademark of
International Book Market Service Ltd., member of OmniScriptum Publishing Group
17 Meldrum Street, Beau Bassin 71504, Mauritius
Printed at: see last page
ISBN: 978-620-3-03392-2

FUNDACIÓN
ANTONIO NUÑEZ JÍMENEZ
DE LA NATURALEZA Y EL HOMBRE

COMPOSICIÓN Y ESTRUCTURA DEL ENSAMBLE DE AVES ASOCIADO AL PINAR DE LA SABINA, LOMAS DE BANAO, GUAMUHAYA, CUBA.

Abel Hernández Muñoz

Título: Composición y estructura del ensamble de aves asociado al pinar de La Sabina, Lomas de Banao, Guamuhaya, Cuba.

Autor: Abel Hernández Muñoz[1]

[1]DelegaciónProvincial de la Fundación "Antonio Núñez Jiménez" de la Naturaleza y el Hombre en Sancti Spíritus, Cuba.
Máster en Ciencias de Ecología y Sistemática. Teléfono: 41329479; móvil: 55220301; E-mail: abel.hmrg@gmail.com

RESUMEN.

La investigación se desarrolló durante los meses de marzo y abril de 2020, en un bosque de pinos, ubicado en la Reserva Ecológica Lomas de Banao, con el objetivo de caracterizar la comunidad de aves y su relación con la estructura de la vegetación en dicha formación. Para la realización de los censos de las aves se siguió la metodología de recuentos en puntos propuesta por Wunderle (1994) para el conteo de aves del Caribe, delimitándose un total de 30 puntos de conteo a una distancia entre ellos de 150 metros (determinada por el método del doble paso). Se identificaron un total de 32 especies de aves, las cuales se agruparon en 11 órdenes, 18 familias y 30 géneros. El orden Passeriformes y las familias Parulidae, Tyrannidae e Icteridae fueron las mejores representados en cuanto al número de especies. Quedó demostrada la relación entre ornitocenosis y fitocenosis. Varias especies de aves se asociaron en mayor medida a: *Pinus caribaea* y *Callophillum antillanum*.

Palabras Clave: ENSAMBLE; AVES; PINOS; RESERVA ECOLÓGICA LOMAS DE BANAO.

Title: Composition and structure of a asamblage of birds in a forest of pine of the La Sabina, Lomas de Banao, Guamuhaya, Cuba.

Author: Abel Hernández Muñoz[1]

[1]Delegation Province of the Fundation ¨Antonio Núñez Jiménez¨ de la Naturaleza y el Hombre, Cuba.
Máster en Ciencias de Ecología y Sistemática. Teléfono: 41329479; móvil : 55220301; E-mail: abel.hmrg@gmail.com

ABSTRACT. The research was conducted during March and April 2020 in a pine-forest, located in a Reserva Ecológica Lomas de Banao, to characterize the bird community and its relationship with vegetation structure in the training. For the realization of the census of the birds followed the methodology proposed by point counts Wunderle (1994) for counting birds in the Caribbean, off a total of 30 point counts at a distance of 150 meters between them (as determined by the method of double step). We identified a total of 32 bird species grouped in 11 orders and 18 families. Demonstrated the relationship between ornitocenosis and fitocenosis. Several bird species were associated more with *Pinus caribaea* and *Callophillum antillanum.*

Key Words: BIRDS COMMUNITY; PINE-ENCINO; RESERVA ECOLÓGICA LOMAS DE BANAO.

INTRODUCCIÓN

Las aves, clase de vertebrados terrestres más diversa en los ecosistemas, son consideradas como un buen indicador del estado actual de estos y de sus cambios ambientales (Hayes, 1996). Cuando estas disminuyen, o se extinguen, se presume la existencia de un problema en esos ecosistemas.

La evaluación ecológica de las comunidades de aves es de vital importancia para la comprensión de la función que éstas realizan en los diferentes ecosistemas, debido a que ejercen una alta influencia en el equilibrio ecológico, por la gran diversidad de especies que ocupan los diferentes niveles de la pirámide trófica.

Es por esto que muchos investigadores se han dedicado a estudiar las comunidades de aves en los distintos ecosistemas y a conocer sus densidades en los diferentes meses del año, la diversidad de especies, y la alimentación Emlen, 1972).

Las poblaciones de aves conforman grupos importantes dentro de los diferentes ecosistemas de todas las regiones del mundo, esto se debe a las notables funciones que realizan dentro de los mismos como: controladores biológicos, diseminadores de semillas, polinizadores, y como parte del equilibrio ecológico (González, 1999). Además constituyen recursos económicos de gran valor para el hombre por la alimentación, la agricultura, turismo y además presentan un gran valor espiritual (Méndez y Derriba, 2002).

La composición y estructura de las comunidades de aves es de vital importancia con el fin de caracterizar su funcionamiento en los ecosistemas cubanos, trabajo en el que han incursionado numerosos investigadores cubanos (Berovides *et al.* 1982; González, 1982; García *et al.* 1987; González *et al.* 2001).

Sin embargo, hasta la fecha no se cuenta en el "Reserva Ecológica Lomas de Banao" con información científica acerca de la estructura y composición de las comunidades de aves en el pinar de La Sabina y su relación con la estructura de la vegetación.

MATERIALES Y MÉTODOS

Descripción del área de investigación

El trabajo se realizó en un bosque de pinos ubicado en el área de manejo La Sabina, Reserva Ecológica Lomas de Banao, Alturas de Sancti Spíritus, Montañas de Guamuhaya, centro-sur de Cuba.

Caracterización del área

Caracterización de la naturaleza del sitio:

• Localización y accesos del área protegida

La Reserva Ecológica Lomas de Banao, se encuentra ubicada en las montañas de Guamuhaya, en la denominada cordillera de Banao, perteneciente a las Alturas de Sancti Spíritus; de las Montañas de Guamuhaya; en la región Central de Cuba. La mayor parte del área se localiza dentro del municipio de Sancti Spíritus, existiendo pequeños sectores en los municipios de Fomento y Trinidad. Ocupando una superficie de 6091 has.

Limita al norte-noreste, con la UBPC cafetalera Fomento y Empresa Agroforestal Sancti Spiritus, al este con la UBPC Pecuaria Cacahual, GEGAN Grupo Empresarial Ganadero (Porcino el Pinto), EES Agropecuaria Banao, las CCS Josué País Rodríguez y Celia Sánchez. Al sur con el poblado de Banao y al oeste con terrenos de la UBPC Pecuaria La Güira.

El acceso principal al área es a través de un camino secundario, en un recorrido de 3 Km a partir delas instalaciones de la Administración del área en la carretera Sancti Spíritus a Trinidad en el poblado de Banao hasta Jarico. Por el noreste del área el camino Gavilanes-Hoyo del Naranjal, por el suroeste camino Comunidad la 23-Hoyo del Naranjal.

En el contexto territorial en que se desarrolla el área, la agricultura constituye el eslabón principal basado en los cultivos varios, sobresaliendo la producción de ajo y cebolla, además, de la actividad ganadera.

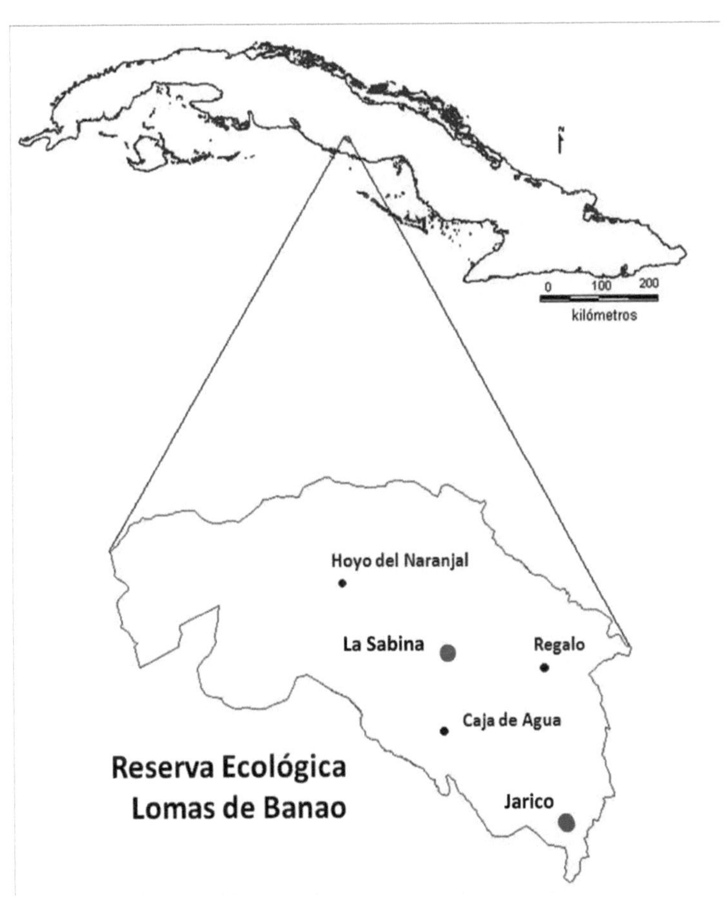

kilómetros
0   100   200
Hoyo del Naranjal
La Sabina
Regalo
Caja de Agua
Jarico
Reserva Ecológica
Lomas de Banao

- **Estado legal**

La Reserva Ecológica Lomas de Banao es un Área de Significación Nacional, administrada por la OSDE de Flora y Fauna del Ministerio de la Agricultura y por la Empresa Flora y Fauna Sancti Spiritus. Con una extensión de 6091 has según derrotero avalado por el acuerdo 6803 del 8 de Abril de 2008, del Comité Ejecutivo Consejo de Ministros de la República de Cuba. La actualización a través del Decreto ï Ley No. 331 de las Zonas con Regulaciones Especiales.

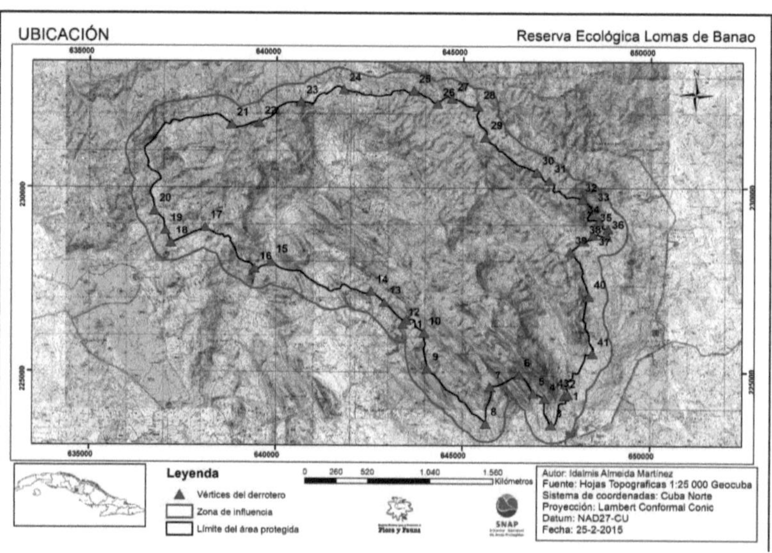

- **Valores naturales**
  - **a) Geología**

La irregular evolución de Cuba dentro del arco insular de las Antillas, en la zona de interacción de las placas de Norteamérica y del Caribe, originó una gran complejidad tectónica y litológica en su territorio (Tijomirov, 1986), manifestadas hoy, de manera más directa, en algunas regiones del país, como es el caso de Cuba Central, donde se halla enclavada la Reserva Ecológica Lomas de Banao.

Sobre esa heterogeneidad y bajo la influencia conjunta de los movimientos

8

neotectónicos y de los agentes exógenos característicos del borde septentrional de la zona tropical, se han conformado las morfoestructuras y morfoesculturas que definen su relieve contemporáneo, acerca del cual, se han reunido un grupo de elementos que permiten esbozar una sistematización de sus principales rasgos genéticos y tipológicos.

Aunque para Cuba no se ha podido establecer un cuadro evolutivo correcto del relieve y de la intensidad y distribución de los procesos antiguos (Magáz, et al, 1989), sí se ha definido que el territorio que ocupan actualmente las montañas, ha permanecido en condiciones subaéreas desde el Cretácico, lo que permitió la formación - entre el Oligoceno y el Mioceno-, de una superficie de génesis denudativa, conocida como "peniplano miocénico", cuyos restos han sido desmantelados por los procesos exógenos durante el Plioceno-Cuaternario, quedando sus exponentes, sólo en las divisorias más altas de los actuales sistemas montañosos.

Esto explica que desde el punto de vista geológico, en el área se manifieste uno de los complejos estructuro-litológicos más importantes de Cuba, con gran diversidad de secuencias rocosas intensamente dislocadas, sobrecorridas unas sobre otras y hasta mezcladas caóticamente. Se trata de las rocas metamórficas asociadas al llamado macizo siálico del Escambray, que constituye el mayor sistema montañoso del centro de Cuba: Guamuhaya.

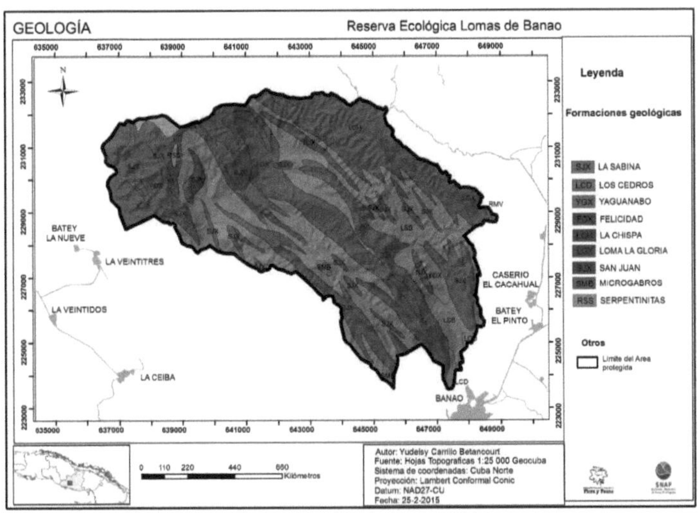

Según los criterios más aceptados, las rocas de este macizo se depositaron sobre un substrato continental, comúnmente denominado Caribea, y posteriormente sufrieron el metamorfismo regional durante el Cretácico superior, que determinó las características estratigráficas actuales y que tuvo un carácter invertido, siendo más intenso en el núcleo que en la periferia.

Así, para el macizo en general y para el área de estudio en particular, se distinguen dos complejos de rocas bien diferenciados: el primero, constituido principalmente por ecoglitas y esquistos cristalinos, de la formación Yayabo y el segundo, compuesto por rocas metaterrígenas, metacarbonatadas y metavulcanógenas. Tanto uno como el otro, están bien representados en el Área Protegida, particularmente las calizas marmorizadas o recristalizadas del Grupo San Juan, que ocupan las partes más elevadas. Se manifiestan en el área otras formaciones geológicas como Fm La Sabina, Fm la Presa, Fm Los Cedros, Fm el Cabrito, Fm Felicidad, Fm La Chispa, Fm Loma de la Gloria y Fm Microgabro.

b) Geomorfología

Este sistema de montañas de cúpula-bloque, se originó por levantamientos del Mioceno superior, que involucraron a todo el sistema como una gran cúpula, al mismo tiempo que fragmentaban las rocas metamórficas, en multitud de pequeños bloques, entre los cuales se evidencia una marcada diferenciación en cuanto a la amplitud de los movimientos.

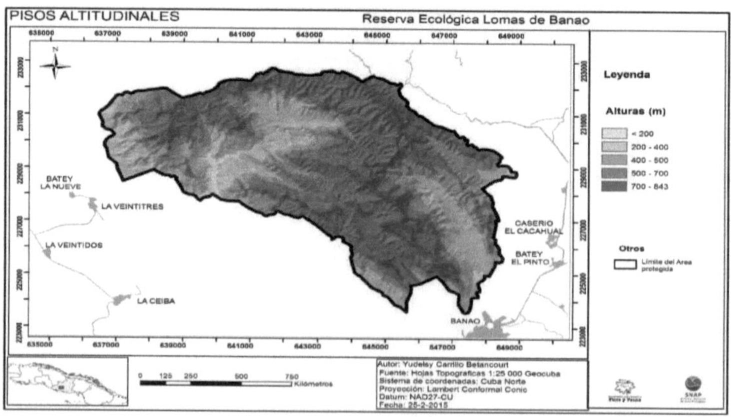

De este modo, el modelado se ha producido bajo un fuerte control estructural, durante toda la etapa de formación del relieve actual y se ha caracterizado especialmente, por el amplio desarrollo de las morfoesculturas cársicas, erosivas y fluviales, todas ajustadas a morfoestructuras de bloques.

El carso tabular, en asociación con el carso cónico, es típico en Banao, donde series de esquistos carbonatados se alternan con calizas metamorfizadas y con rocas no carsificables. Las morfoesculturas cársicas muestran una evolución prolongada, con sistemas cavernarios como Caja de Agua, furnias y nichos, escarpes, extensos campos de lapiéz o lenar desnudo, ponores o sumideros, cañones o abras y un impresionante carso cónico, muy bien representados en la llamada Sierra de Banao. Esta morfología se ha desarrollado en todas partes sobre las rocas metacarbonatadas jurásicas.

Los pisos altitudinales varían desde los 200 metros, donde aparecen montañas pequeñas en forma de cadenas paralelas, que alcanzan su punto culminante en las Tetas de Juana, a 843 metros sobre el nivel del mar. Muchas de ellas tienen sus cumbres blindadas por un casquete de rocas metacarbonatadas carsificadas; otras son bloques integrados totalmente por esas rocas, con estructura monoclinal, manifestada en los escarpes tectónicos, como la Sierra de Los Garrotes.

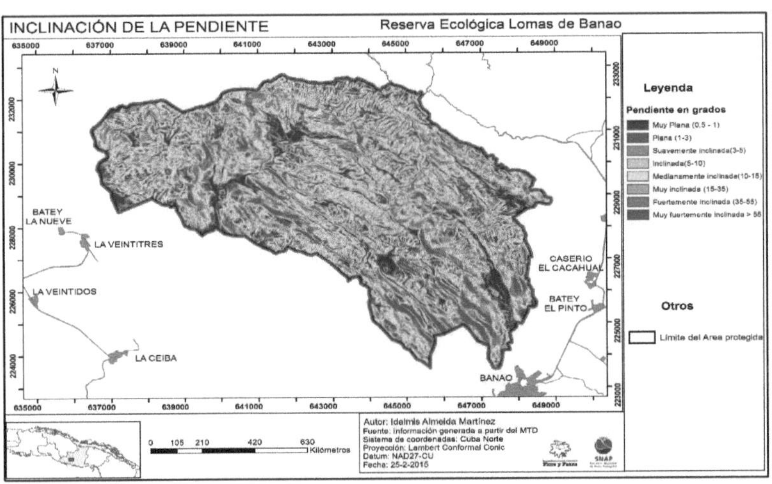

Por otra parte, en los esquistos metaterrígenos y metavulcanógenos, son típicas las formas erosivas, que alcanzan magnitudes notables en virtud de la deleznabilidad de este tipo de rocas, las fuertes pendientes que van desde los (15°) superando los (55°) de muy inclinadas hasta muy fuertemente inclinadas y las condiciones pluviométricas propias de las montañas. Así, la densidad de cauces supera frecuentemente los 4.5 km/km^2 y la red fluvial se organiza a lo largo de los bloques menos elevados entre los (150 y 400 m) sobre el nivel del mar y de los sistemas de fallas, lo que les confiere sus rasgos característicos: seudo-valles estrechos con laderas casi verticales y enorme profundidad (seudo-encajamiento), saltos o cascadas, muy escaso desarrollo de las formas acumulativas, sinuosidad de las corrientes, con pendientes que oscilan entre los (0.5 y 15°) de muy planas a medianamente inclinadas.

En el interior de ambos grupos montañosos, las llanuras se ubican en depresiones estructuro-fluviales (Higuanojo, Banao, Tayabacoa y otras), o en cimas de bloques aplanados, morfológicamente como llanuras estructuro-cársicas (La Veintitrés y Llanadas de Mota) entre los (200 y 450 metros). En las primeras, el fondo está constituido por estrechas llanuras fluviales erosivas onduladas; en las segundas, es más plano y las formas fluviales son intermitentes, debido al efecto del carso en el drenaje de las aguas pluviales.

c) CLimas

Por efecto de su posición geográfica y de las peculiaridades de su relieve, las condiciones climáticas del área, difieren sustancialmente de las que imperan en otras regiones del país, particularmente en lo que respecta a las precipitaciones (que alcanzan un valor superior a 1800 mm como promedio anual, de acuerdo al registro de la estación Alto Jobo, ubicada en las periferia Noroeste, que es la más cercana. La distribución de las mismas durante el año, es favorecida por la influencia en el período menos lluvioso, de frentes fríos que aportan lluvias en todo el territorio, con marcado aumento en las montañas por el efecto del relieve.

Los climas se corresponden con la subregión Caribe Occidental, en la que predominan los vientos estacionales y calmas, con influencia continental en invierno y se clasifica como tropical húmedo, con lluvias todo el año para la mayor parte del área, aunque en las cimas del bloque de Tetas de Juana, pudiera considerarse como templado cálido.

Como es de suponer, el efecto de la orografía en la inclinación de las pendientes y en la nubosidad, se acentúa en las montañas, provocando la reducción de la suma anual de horas-luz y con ello, de la radiación solar global. Todo esto se refleja, en variaciones espaciales en el campo térmico, con mínimas medias que decrecen hasta 21-22 ºC en las partes más elevadas. Esto contrasta fuertemente con la llanura costera del SW, donde se registran las máximas medias de toda la provincia (Trinidad, con 26.1 ºC y Pojabo, con 25.6 ºC, son representativos del sector) y con el resto del territorio de llanuras, con valores entre 24 ºC y 25.0 ºC.

En cuanto al inicio de la temporada invernal, que coincide con el paso de la temperatura media por debajo de los 25.0 ºC, las estadísticas indican que en estas montañas, la influencia altitudinal adelanta dicha fecha con la altura, de tal manera que en las cimas, la temperatura media nunca supera los 25ºC.

Las precipitaciones se concentran en el llamado "período lluvioso", de mayo a octubre, en el cual cae en el área, entre el 72 y el 76 % del total de precipitación anual. No obstante la diferenciación exposicional impone su efecto: así, por ejemplo, el promedio anual en el área costera de Trinidad, situada a sotavento, es de sólo 1 119 mm, mientras que en Gavilanes, es de 1 844.1 mm, en tanto que en la capital provincial, cerca de la macrovertiente de barlovento, es de 1 556.0 mm.

Dado que el mayor volumen de precipitaciones se produce en el período lluvioso, es oportuno destacar la génesis de las mismas durante el llamado "régimen normal de verano", que se caracteriza por la ocurrencia de tormentas en horas de la tarde y primeras horas de la noche, las que aportan la mayor parte del volumen anual de precipitaciones y que responden a la formación de una zona de convergencia diurna, por la interacción entre los sistemas de brisas de ambas costas. **(Certificado Climático 2000).**

d) Hidrología

Las precipitaciones constituyen la única fuente de alimentación que determina el comportamiento de los procesos asociados al escurrimiento fluvial, ya sea de manera directa, o a través de la alimentación subterránea, lo que se refleja en el irregular régimen hídrico de los ríos, con crecidas y estiajes coincidentes con los períodos lluviosos y menos lluviosos, respectivamente. Esto, aun cuando la alimentación subterránea, asegura un régimen permanente para los ríos del área, que interactúan de una u otra forma a través de su curso, con rocas carsificadas, donde se encuentra una notable reserva de aguas subterráneas.

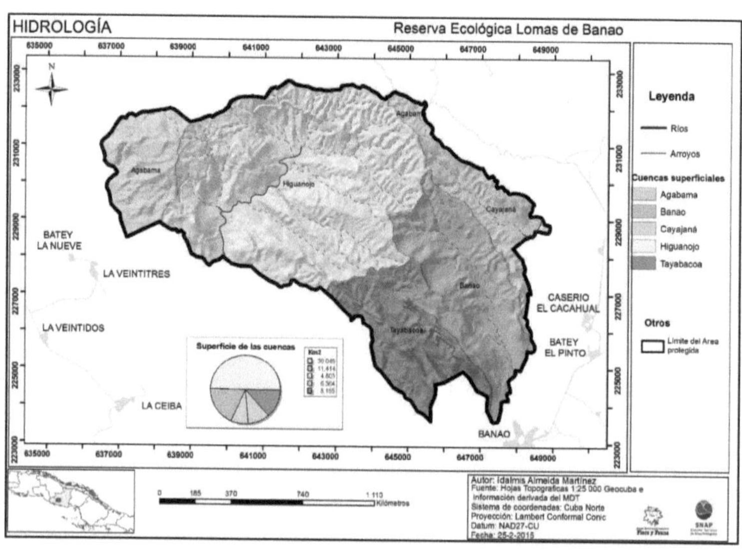

La red fluvial está organizada en dos vertientes fundamentales: la noroeste y la sureste, con el parteaguas principal al centro (en La Sabina). Así, la mayor parte del escurrimiento superficial se produce a través de los sistemas fluviales siguientes que recorren el área varios km²: en la periferia norte, Caracusey y Cayajaná (4.803 Km²) constituye un afluente del río Zaza, en tanto dentro del perímetro del área, Higuanojo (30.049), Banao (11.414), Unimazo y Tayabacoa (8.155), además, del río Agabama con (6.364 km²). Sin embargo, la influencia del carso hace que estos ríos casi no posean corrientes afluentes dentro del área, por lo que evacuan las aguas de los numerosos torrentes de montaña que vierten a las depresiones estructurales por donde ellos corren.

e) Suelos

14

Debido a la influencia de los diferentes factores formadores de los suelos (entre los que el relieve, la litología y las condiciones climáticas juegan los papeles principales), se realiza un análisis de los tipos de suelos, en su relación con los factores que han incidido en su formación:

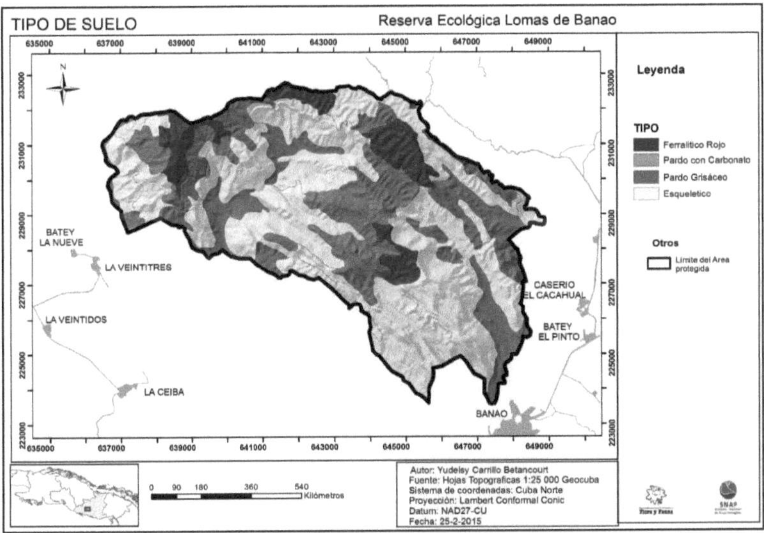

Suelos Ferralíticos: aparecen en las depresiones intramontanas, en los interfluvios no cársicos de las montañas y en algunas de sus pendientes. Analizando ambas posiciones, puede asumirse que en el área protegida existen evidencias de que los suelos rojos se han formado, *in situ*, en las cimas calcáreas planas, levantadas en forma de bloques (a partir de las rocas metacarbonatadas subyacentes), aunque una parte de ellos hayan sido redepositados y se localicen hoy en los taludes de las pendientes y en las depresiones estructuro-fluviales.

Dentro de este agrupamiento, se diferencian los siguientes tipos:

Ferralítico rojo: aparece en dos posiciones geomorfológicas: en el fondo de las depresiones estructuro-cársicas, donde son poco a medianamente profundos y en los interfluvios denudativos de las montañas, constituidos por esquistos metaterrígenos y metavulcanógenos, donde estos suelos

15

ferralíticos rojos se han originado *in situ*.

Ferralítico rojo lixiviado: es frecuente en las pendientes de las depresiones intramontañosas, en asociación con Pardos con Carbonatos.

Suelos Fersialíticos:

Fersialítico rojo-parduzco ferromagnesial: reflejando un fuerte control litológico, se ha formado a partir de rocas serpentinizadas, o sus productos de meteorización y transporte, por sialitización de un material con alto contenido de elementos ferromagnesiales. Se distribuye en un pequeño sector de la periferia noroeste del área, en el límite con Gavilanes, con pedregosidad elevada y poca o muy poca profundidad.

Fersialítico pardo-rojizo: originado principalmente sobre eluvios de rocas calizas y efusivo-sedimentarias, algunos autores explican su origen por la sialitización de materiales mezclados, dentro de los que existía un componente rico en hidróxido de Hierro (Fe) y Aluminio (Al). Ocupa las pendientes muy inclinadas de las depresiones, en asociación con Ferralíticos rojos (especialmente en el sector suroeste del área, en la cuenca del río Tayabacoa), siendo generalmente de profundidad poca a media (en algunas áreas, están muy erosionados y se intercalan con suelos Esqueléticos). Además, la riqueza de fragmentos de cuarzo, evidencia la integración a este suelo de aluvios de rocas ígneas. En los interfluvios, alternan con los Ferralíticos rojos y son más profundos, aunque ocupan un área más reducida.

Suelos Pardos: Tienen una escasa distribución en el área, estando representados básicamente por los Pardos grisáceos, originados sobre esquistos metaterrígenos, principalmente.

Incluye los siguientes tipos:

Pardos con Carbonatos: formados esencialmente a partir de esquistos carbonatados y de los productos de su meteorización y transporte, aparece en las estrechas depresiones estructuro-fluviales, siendo medianamente profundos y pedregosos. Frecuentemente, alternan con Ferralíticos rojos.

Pardos Grisáceos: como regularidad, se distribuyen sobre los esquistos metaterrígenos, con una muy escasa distribución dentro del área, especialmente hacia el límite con la llanura de Banao, en premontañas con pendientes fuertes, lo que explica su poca profundidad.

En un sector más pequeño del área se observan los suelos *Húmicos Calcimórficos y Aluviales.* Donde los primeros tienen una escasa distribución areal, siendo más frecuente encontrar su tipo principal (la llamada Rendzina roja), en las oquedades de los afloramientos carsificados presentes en las cumbres de casi toda el área. Por otra parte, en las cavidades cársicas, se han encontrado Protorendzina. Los *Suelos Aluviales:* son suelos sialíticos jóvenes, desarrollados a partir de depósitos fluviales, en los cauces y planos de inundación, ocupando terrazas acumulativas. Se han distinguido suelos aluviales en muy pequeños sectores del curso de los ríos principales que atraviesan el área, sobre estrechas terrazas acumulativas, soportando bosques riparios, pastos o bosque secundario de pomarrosa.

Suelos Poco Evolucionados:

Al formarse en condiciones de fuerte erosión, no es posible un desarrollo normal del perfil y la pedogénesis transcurre en condiciones de alta rocosidad de la superficie. Está representado por el *Tipo Esquelético*, predominante en toda el área, donde ocupa las pendientes de los bloques y las depresiones, las escarpas estructuro-cársicas, y las colinas y alturas carsificadas (alternando con las Rendzinas).

Sistematización de la geodiversidad.

Areno- arcillosos y arcillosos, con pastos y vegetación secundaria sobre suelo Aluvial.

f) Biodiversidad

Vegetación

La vegetación ha sido delimitada en varios tipos de vegetación que se aprecian en el mapa. La clasificación de la vegetación establecida para los planes de manejo es la propuesta por la Ley Forestal, publicada por J. Bisse (1981), el mapa de Vegetación presenta la propuesta por Capote y Berazaín (1984).

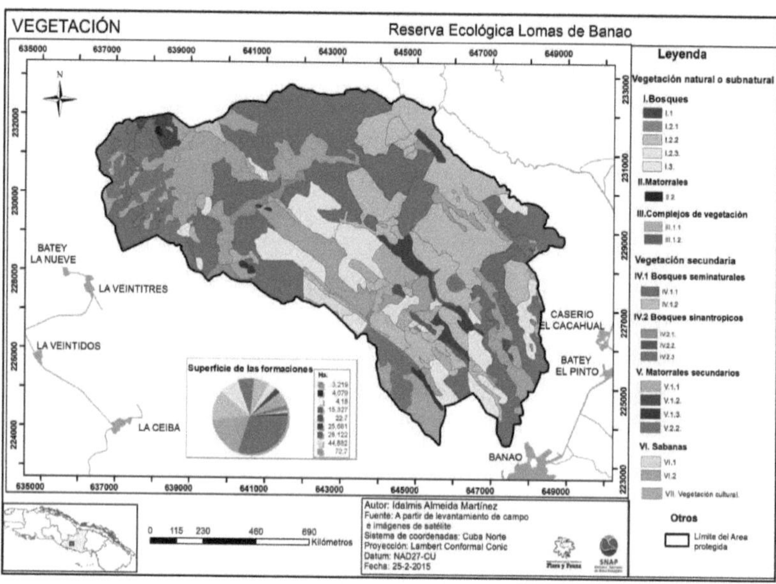

Plantaciones de *Pinus caribaea*

Esta plantación se localiza en el área de manejo La Sabina, ocupando una extensión de 43.4 *ha*, en la que originalmente se debió desarrollar un bosque siempreverde mesófilo.

Muestreo de las aves

El muestreo de las aves se llevó a cabo en los meses de marzo y abril de 2020. Para la realización de los censos de las aves se siguió la metodología de recuentos en puntos propuesta por Wunderle (1994) para el conteo de aves del Caribe, delimitándose un total de 30 puntos de conteo a una distancia entre de ellos de 150 metros (determinada por el método del doble paso). Los puntos de conteo se ubicaron a lo largo del sendero. Cada punto de conteo fue debidamente identificado en el terreno mediante chapillas colocadas en los árboles.

Los participantes en el censo fueron previamente entrenados en la identificación de las especies de aves, tanto de forma visual como auditiva, mediante el empleo de multimedia, guías de campo y trabajo directo de observaciones.

Las observaciones de las aves en el campo se realizaron de forma estratificada, el estrato bajo incluyó a las aves que se encontraban desde el nivel del suelo hasta los 2 m de altura; el estrato medio de 2 a 6 m y el estrato alto las que se localizaban a una altura superior a los 6 m.

Las observaciones se llevaron a cabo en días de sol, con viento moderado y poca nubosidad en los horarios de las 7: 00 AM a 11:00 am. Se anotaron todas las aves vistas con ayuda de binoculares siguiendo el método de recuento en punto sin estimación de distancia (Hutto *et al.*, 1986) de acuerdo a lo que sugiere Wunderle (1994) para el conteo de aves del Caribe; se utilizó la Guía de Campo de las Aves de Cuba de Garrido y Kirkconnell (2000) en el reconocimiento de las especies, el tiempo de observación en cada punto fue de 10 minutos utilizándose un reloj para la toma del tiempo. Se utilizó para la clasificación taxonómica de las especies detectadas, la lista de aves registradas para Cuba (González, 2002) y el listado para las aves de Norteamérica de la American Ornithologistsô Union (2007) y The A.O.U. Check-list of North American Birds, Seventh Edition (2020).

Inventario de la vegetación

El inventario de vegetación se llevó a cabo en el mes de marzo de 2020, en los mismos sitios donde se realizaron los conteos, de forma estratificada al igual que en el estudio de las aves (Acosta *et al.* 1988), identificando las especies vegetales *in situ*.

Para las medidas de los parámetros estructurales de la vegetación se siguieron las técnicas aplicadas por James y Shugart (1970) y Noon (1981), citado por Hernández (2008). Dichos parámetros se tomaron en 12 parcelas de 10 x 10 metros (100 m^2), seleccionadas al azar. Los parámetros estructurales de la vegetación que se determinaron son:

Densidad de árboles (da = árboles/ha), densidad del sotobosque (ram = ramas/ha), diámetro de los árboles a 1.3 m, (DAP m), cobertura del dosel (%), cobertura del suelo (%), altura del dosel (m).

La cobertura vegetal se midió mediante un instrumento elaborado con un tubo de 15 cm. de longitud por 4 cm. de diámetro, dividiéndose en uno de sus extremos en cuatro partes iguales mediante un cordel, representando cada cuadrante un 25% de cobertura. Las mediciones con el instrumento se realizaron a partir del centro de cada parcela en los cuatro puntos cardinales, recorriéndose una distancia de 10 pasos en cada dirección, determinándose la cobertura a cada uno de estos.

A partir de la proyección de la cobertura en cada cuadrante se confeccionó la siguiente escala:

Valor	Porcentaje de cobertura	Valor	Porcentaje de cobertura
1	Cobertura de 0 a 25%	3	Cobertura de 50 a 75%
2	Cobertura de 25 a 50%	4	Cobertura de 75 a 100%

Clasificación de las aves según su grado de abundancia y permanencia

Las aves fueron clasificadas por categoría de permanencia en Cuba, según los criterios de Llanes *et al.* (2002): Residente Permanente (RP), Residente Invernal (RI), Residente de Verano (RV), Residente Bimodal (RB) y Transeúnte (T).

Clasificación de las aves en gremios tróficos

Esta clasificación se realizó de acuerdo con los criterios expuestos por Kirkconnell y Garrido (1992), los que consideran un total de 34 gremios para las especies de aves terrestres y que habitan de forma permanente o temporal en el territorio cubano, y algunas observaciones directas realizadas en el campo.

Clasificación de las aves según grado de amenaza en Cuba y endemismo

Se tuvieron en cuenta las categorías de amenaza para las especies en Cuba, según Llanes *et al.* (2002) para que sean consideradas en los planes futuros de manejo: Endémico (E); En peligro (EN); Vulnerable (VU).

Índice ecológico (Berger-Parker)

Donde: N= Número de individuos

Nmáx= Número de individuos de la especie más abundante.

Procesamiento de los datos

Para determinar si existían diferencias entre los valores de abundancia de las especies de aves detectadas, los meses muestreados (marzo y abril) y los estratos (bajo, medio y alto); se utilizó la estadística no paramétrica de dos muestras relacionadas de Wilcoxon, empleando el programa SPSS *(Statistical Product and Service Solutions)*, version 15.0.

La evaluación de la diversidad se realizó por estratos a partir de los valores mensuales, sobre la base de los índices de Dominancia y Diversidad de (Berger -Parker) usando el Software BioDiversity Professional (1997). Además el Software PC ord versión 4 para el análisis de correspondencia canónica de las variables ambientales con la abundancia de las especies.

Pinus Cubensis

RESULTADOS

Caracterización de las comunidades de aves asociadas al pinar estudiado

En el área estudiada fueron detectadas un total de 32 especies de aves, las cuales se agruparon en 11 órdenes, 18 familias y 30 géneros.

El orden Passeriformes y las familias Parulidae, Tyrannidae e Icteridae fueron los mejores representados en cuanto al número de especies. Las especies de estas familias tienen una alimentación variada, desde insectos y pequeños vertebrados hasta frutas y néctar, según Garrido y Kirkconnell (2011). La disponibilidad de fuentes de alimentación se favorece en esta área, ya que la misma tiene: baja densidad de árboles, baja cobertura del dosel y se encuentra cerca al río Banao, posibilitando la presencia de un mayor número de especies con flores y frutos.

Se declaran como especies presentes en este pinar las siguientes: *Quiscalus niger, Dives atroviolaceus, Agelaius humeralis, Geotrygon montana, Caprimulgus cubanensis* y *Falco sparverius*. Estas no fueron detectadas mediante los conteos, sino en recorridos que se hicieron en el área, por lo se considera que utilizan estos pinares en algún momento, a pesar de que las primeras cinco solo fueron vistas próximas al bosque de galería y que las especies *T. olivacea* y *G. montana* solo fueron vistas en una ocasión.

Se detectó uno de los siete géneros endémicos de Cuba, representado por la especie *X. percussus*, a ella se suman otras ocho especies endémicas, para un 34 %, en relación al total de especies endémicas cubanas reportadas por Garrido y Kirkonnell (2011), siendo estas: *Todus multicolor, Priotelus temnurus, Vireo gundlachii, D. atroviolaceus, Icterus dominicensis, Tiaris canorus* y *C. cubanensis*.

De las especies registradas aparece entre las reportadas como amenazadas por Llanes *et al.* (2002), *Asio stygius* la cual fue detectada solo en tres ocasiones y en la parcela 9, coincidiendo con Garrido y Kirkconnell (2011) en que es una especie poco común y local, además de tener hábitos nocturnos.

Por su parte, González *et al.* (2012), reportaron en la categoría de especie Vulnerable a: *Setophaga pityophila*; En Peligro la especie *Accipiter striatus*; mientras que como Casi Amenazado a *Melopyrrha nigra*.

Clasificación de las especies según Abundancia y Permanencia en el territorio nacional.

Las especies de aves inventariadas se agrupan según abundancia y permanencia en el territorio nacional de la siguiente forma: 15 (35%) son Común Residente Permanente (C, RP), 7 (16%) Común Residente Invernal-Transeúnte (C, RI-T), 4 (9%) son Abundante Residente Permanente (A, RP), 4 (9%) Común (local) Residente Permanente (C (local); RP), 2 (4%) son Abundante Residente Invernal Transeúnte (A, RI, T), siendo este el grupo de especies mejor representadas. Están representados dos de los seis géneros endémicos (*Priotelus* y *Xiphidiopicus*). Dentro de las especies residentes permanentes 8 son endémicas a nivel de especie y 12 lo son a nivel de subespecie, lo que eleva el endemismo en el área a un 47,62 %. Se destaca el hecho de que entre las especies inventariadas hay tres que están reportadas con algún grado de amenaza, siendo ellas el gavilancito (*Accipiter striatus* en la categoría de EN) y el tomeguín del Pinar (*Tiaris canora* en estado EN).

Resultados similares fueron obtenidos por Hernández (1998) y Mereck (2004) en bosques maduros de *Pinus caribaea var caribaea* de la EFI la Palma y por Sánchez (2007) y Alonso *et al.*, 2008 en áreas naturales de *Pinus tropicalis* Morelet de la EFI Minas.

Composición trófica

Las especies de aves detectadas se agruparon en 13 grupos tróficos, siendo los gremios preponderantes: Insectívoro de follaje por espigueo (9 %), seguido del gremio Insectívoro de percha con vuelo colgado.

En este pinar, *S. pityophila,* una de las especies más abundantes, se mantuvo durante el tiempo que duró el estudio, forrajeando mayormente en el estrato alto del bosque, mientras que, en la etapa reproductiva, descendió a los estratos medio y bajo, incluso, llegando a visitar zonas abiertas fuera de los pinares y áreas cercanas a la casa de los guardabosques.

En las observaciones que se hicieron se detectaron individuos de *Melopyrrha nigra* consumiendo los frutos de *Psychotria androsaemifolia* en múltiples ocasiones, además de *Bursera simaruba* y *Davilla rugosa*.

Spindalis zena mostró preferencia por los frutos de algunas especies vegetales como: *Piper aduncun, Conostegia xalapensis, Byrsonima crassifolia, B. simaruba, P. androsaemifolia* y *D. rugosa*. Coincidiendo con lo planteado por Kirkconnell *et al.* (1992) en que se le ha visto comer desde lo más alto del estrato arbóreo hasta el suelo.

Turdus plumbeus se observó consumiendo frutos e insectos, por lo que se considera dentro del gremio alimentario Insectívoro-Frugívoro en correspondencia con lo plantedo por Kirkconnell *et al.* (1992). Por su parte, *Dumetella carolinensis* se observó devorando los frutos de *Faramea occidentalis*, según Garrido y Kirkonnell (2011) esta especie consume frutas e insectos.

Por su parte, *Ricordia ricordii* estuvo libando en mayor cuantía en las flores de *Bejaria cubensis*, *Costaea cubensis* y *Abarema obovalis*, aunque se observó libando también en las flores de *Tabernaemontana citrifolia*, *Ouratea elliptica*, *B. crassifolia*, *P. patens*, *Cyrilla racemiflora* y *Roigella correifolia*.

Diversidad de especies

En la figura 1, se muestra la curva de Whittaker o rango abundancia para el pinar estudiado, se puede apreciar la dominancia de *S. pityophila*. Otra de las especies más abundantes en esta área fue *Tiaris olivacea*, manifestando sus hábitos gregarios en la mayoría de las detecciones, coincidiendo con lo reportado por Guerra (2015), para dos formaciones boscosas de la Sierra del Rosario.

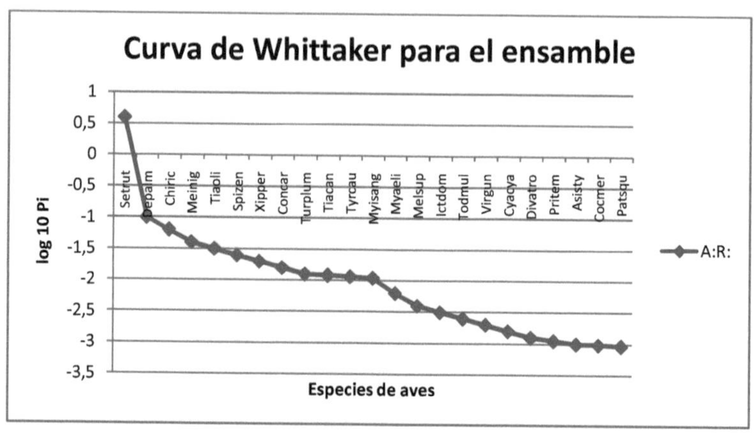

Fig. 1 Curva de rango-abundancia del ensamble de aves presente en el pinar de La Sabina.

Curvas de rarefacción

Se puede corroborar cuando se analiza la riqueza de especies mediante las curvas de rarefacción basadas en el número de muestras como se observa en la figura 2.

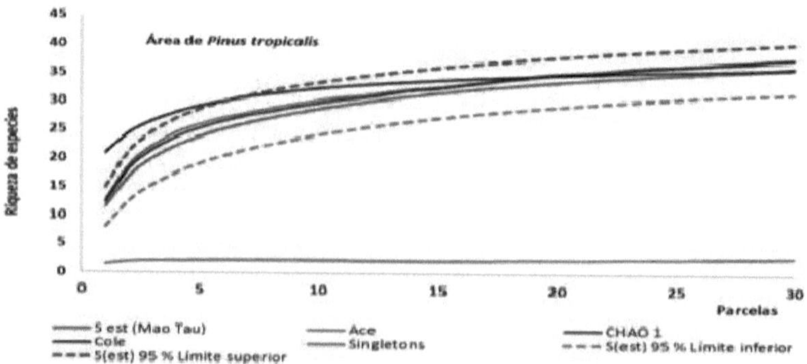

Fig. 2. Curvas de rarefacción basadas en el número de muestras para el pinar estudiado.

En general, todos los estimadores no paramétricos evaluados estuvieron siempre por encima de los valores de riqueza observada, estando dentro del intervalo de confianza al 95 % y finalizando en el mismo valor o próximo a este. El número de especies con un solo individuo (Singletons) fue asintótica por lo que se considera que se ha logrado un buen muestreo.

Comportamiento de la riqueza promedio de especies por puntos de conteo

Cuando se analiza el comportamiento del número medio de especies en cada uno de los puntos de conteo (figura 3) se puede apreciar que los puntos con mayor número de especies, resultaron ser las parcelas (1, 7, 18 y 30), lo cual pudiera deberse a la cercanía de las mismas a los parteaguas, favoreciendo el crecimiento de las especies asociadas, entre las que se puede mencionar *A. obovalis*, siendo una de las especies que formó parte del estrato arbóreo y que posee un área de copa bastante amplia y sobre todo, en la época de floración, atrajo muchas especies de aves, ya que proporciona alimento, refugio y posibles sitios para la nidificación.

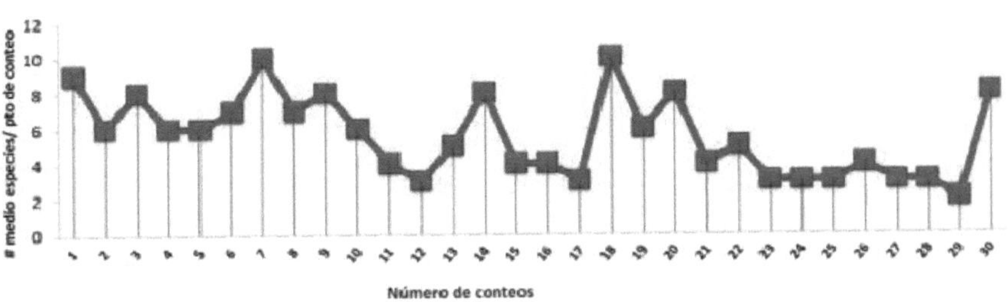

Fig. 3. Comportamiento de la riqueza de especies por punto de conteo en el área estudiada.

Distribución por estratos de vegetación de las aves

La prueba realizada Kruskall- Wallis (tabla 1) indica diferencias significativas entre los estratos ocupados por las aves en relación al número de individuos presentes en los mismos.

Pinus tropicalis	Núm. Ind
Chi-cuadrado	186,670
gl	2
Sig. asintót.	,000

De acuerdo con la prueba no paramétrica de U de Mann-Whitney realizada (tabla 2), difieren significativamente todos los estratos en relación al número de individuos detectados en los mismos.

Pinus tropicalis	Núm. Ind por estratos		
	Alto-Medio	Alto-Bajo	Medio-Bajo
U de Mann-Whitney	224509,000	214609,000	203678,000
Z	-11,236	-10,236	-3,185
Sig. asintót. (bilateral)	,000	,000	,001

En general, todos los estimadores no paramétricos evaluados estuvieron siempre por encima de los valores de riqueza observada, estando dentro del intervalo de confianza al 95 % y finalizando en el mismo valor o próximo a este. El número de especies con un solo individuo (Singletons) fue asintótica por lo que se considera que se ha logrado un buen muestreo.

El resultado anterior se corrobora al analizar la frecuencia de observación de las especies detectadas en cada estrato, donde se refleja que la distribución de las aves en los estratos verticales de la vegetación siguió un mismo patrón de comportamiento. La mayoría de las especies de aves se encuentran en mayor proporción en el estrato alto, seguido por el medio y, por último, el bajo.

Distribución por Grupos tróficos

Las especies se agruparon en 23 grupos tróficos (64,7%) de los 34 reportados por Garrido y Kirconnell (1992). Los grupos más representados son: Insectívoro de follaje por espigueo, Insectívoro de tronco y follaje por espigueo, Insectívoro perforador de tronco, Insectívoro de percha con vuelo colgado, Granívoro de suelo follaje, Insectívoro de tronco por picoteo, Insectívoro perforador de tronco, Insectívoro de percha, Insectívoro-frugívoro con picoteo y espigueo, Granívoro de suelo y los restantes grupos formado por una sola especie.

Resultados muy similares fueron obtenidos por Hernández y Mandeck (1998) en una plantación de **Pinus caribaea** del Valle de San Andrés, Sánchez (2007) y Alonso *et al.*, (2008), en un bosque de **Pinus tropicalis** Morelet de la Empresa Forestal Minas de Matahambre.

Se pudo apreciar que la mayoría de los grupos tróficos corresponden a las aves insectívoras, lo cual puede corresponder a la gran abundancia de invertebrados presentes en este tipo de formación. Se destacan por su abundancia y el papel que desempeñan como consumidoras de insectos en esta formación especies de aves tales como: ***Dendroica palmarum y Vireo altiloquus***. De acuerdo con Hayes (1996), ello reviste un gran significado desde el punto de vista del equilibrio biológico, contribuyendo al funcionamiento de estos ecosistemas y del porqué las aves son consideradas como un buen indicador del estado de salud de estos.

Relación de la avifauna con la vegetación

De acuerdo con las observaciones de campo realizadas en relación a la asociación de las especies de aves que integran la comunidad en la formación natural de pinos, el mayor número de estas se relacionan con 4 especies de árboles (***Pinus caribaea y Callophillum antillanum***), las dos primeras de ellas constituyen el estrato dominante de la comunidad arbórea y son a la vez las más abundantes, proporcionándole a las aves lugares de descanso y protección contra los elementos del clima y predadores, así como sitios favorables para encontrar alimento (insectos y otros invertebrados).

Las figuras a, b y c, representan la distribución de las especies de aves por estrato, apreciándose que los estratos medio y alto son los más favorecidos en cuanto a la distribución del número de especies, y que esta distribución tiene una tendencia logarítmica.

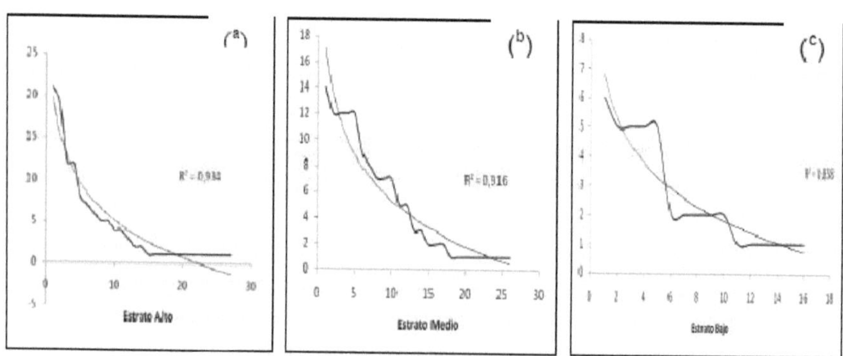

Figuras a, b, c: Modelos de abundancia de aves por estratos.

Procesamiento estadístico de los datos

La Tabla 3 muestra los resultados de comparación del número de especies entre los meses de marzo y abril, apreciándose que no hubo diferencias significativas entre ambos muestreos al comparar los datos mediante la prueba no paramétrica con dos muestras relacionadas de Wilcoxon. Este resultado guarda relación con el hecho de que para el mes de marzo la mayoría de las especies migratorias de invierno están abandonando el territorio nacional y comienzan a llegar las migratorias de verano, mientras que por otro lado las residentes permanentes comienzan a colonizar los espacios vacíos dejados por las migratorias de invierno.

Tabla 3. Resultados de la comparación entre los meses de marzo y abril. (Prueba no paramétrica con dos muestras relacionadas de Wilcoxon)

	Abril - Marzo
Z	-,133(a)
Sig. Asintót. (bilateral)	,894

Por tanto el índice de similitud fue de: 57%, entre dos oportunidades de conteo, mes de marzo y abril.

Diversidad de especies

En la Tabla 4 se muestran los valores de las parcelas del índice de diversidad de Berger-Paker.

Tabla 4. Valor de Diversidad de Berger- Parker.

Berger-Parker Diversidad (1/d)							
Parcelas	Valor	Parcelas	Valor	Parcelas	Valor	Parcelas	Valor
P3M	6	P29M	4	P22AB	5	P11AB	3
P7M	6	P9M	4	P29AB	5	P1AB	3
P1M	5	P15M	4	P17AB	4	P14AB	2
P14M	5	P22M	3	P15AB	4	P26AB	2
P17M	4	P30M	3	P7AB	4	P30AB	2
P26M	4	P11M	3	P9AB	4	P3AB	2

Los resultados indican las parcelas que fueron más diversas, representados por las parcelas 3, 7, 1 y 14 de marzo, del segundo conteo se tienen que las parcelas, 22 y 29 de abril fueron las más diversas, lo que se relaciona con la migración al país de las especies residentes de verano, así como por la ocupación por parte de las especies residentes permanentes, de los espacios vacíos dejados por las residentes de invierno, al retornar a sus territorios de orígenes. Es de reflejar que el conteo en las parcelas del mes de marzo fue más diverso por las especies residentes permanentes y de invierno.

La Tabla 5 representa la distribución vertical de especies entre los estratos medio-alto, bajo- medio y bajo- alto, apreciándose la existencia de diferencia significativa entre los estratos bajo-medio y bajo-alto, mientras que entre el estrato medio-alto no hay diferencia significativa, al aplicar la prueba no paramétrica con dos muestras relacionadas de Wilcoxon. Esto guarda relación con el hecho de que los estratos medio y alto son los más favorecidos en cuanto a la mayor disponibilidad de recursos, resultados que se corresponden con Mereck (2004) y Méndez (2003).

Tabla 5. Resultados de la comparación entre los estratos verticales. (Prueba no paramétrica con dos muestras relacionadas de Wilcoxon)

	Medio - Alto	Bajo - Medio	Bajo - Alto
Z	-1,729(a)	-4,382(a)	-4,424(a)
Sig. Asintót. (bilateral)	,084	,000	,000

Relación de la abundancia con las variables de ambientales

El análisis de correspondencia canónica entre las variables de abundancia de especies y las variables ambientales, utilizando los estratos como variable de fondo arrojó, que las parcelas 3 y 7 de marzo, 22 y 29 de abril, fueron las de mayor diversidad de especies como; *Turdus plumbeus, Xiphidiopicus percussus, Vireo altiloquus, Tiaris olivaceus* y *Priotelus temnurus*. Estas especies generalmente se encontraban en el estrato alto y medio, sitios en los que hayan mayor disponibilidad de alimento, así como mejores condiciones de refugio ante los enemigos naturales.

El análisis de correspondencia canónica de abundancia de especies con las variables ambientales teniendo como fondo el grupo trófico aportó, que las especies más abundantes son: **Dendroica palmarum, Xiphidiopicus percussus, Saurothera merlinii** y **Ricordia ricordii,** los más dominantes desde el punto de vista numérico fueron: **Vireo altiloquus, Tiaris olivácea, Priotelus temnurus,** los cuales se encuentran dominando en parcelas con estratos altos y con abundancia de insectos y frutos.

El análisis de correspondencia de la estructura vegetal (cobertura del dosel) y cobertura del suelo con la preferencia de distribución de la especie *Priotelus temnurus* (tocororo), aportó que la misma suele encontrarse habitando en sitios con coberturas del dosel por encima del 50 % y cobertura del suelo superiores al 25 %. Estas condiciones propician a la especie sitios apropiados para la obtención de fuentes de alimentación, frutos e insectos y otros invertebrados, con los cuales complementan sus dietas, así como refugio contra condiciones desfavorables y escape de los predadores.

DISCUSIÓN

La cantidad de especies registradas fue similar a las registradas en otros pinares por: Hernández *et al.* (1998) en pinares de *P. caribaea* en La Palma.

En relación a las especies amenazadas, según Ayón *et al.* (2001), *M. nigra* se ha convertido en el ave silvestre más perseguida para ser mantenida en cautiverio con fines lucrativos, estando en correspondencia con los resultados obtenidos por García *et al.* (2011) en varias localidades de Cuba Oriental y Central. Además, en el municipio Minas han sido decomisadas jaulas de cazadores ilegales, con varios ejemplares de *T. canorus, T. olivaceus,* entre otras especies. Esto, unido a la fragmentación de los bosques derivadas de las transformaciones que se realicen en función del desarrollo forestal, pudiera constituir factores de riesgo para la supervivencia de estas y otras especies de aves asociadas a los pinares.

La mayoría de las especies fueron consumidoras de insectos y de granos, coincidiendo con lo planteado por Kirkconnell *et al.* (1992) en que las aves terrestres cubanas (residentes y migratorias) son fundamentalmente insectívoras, aunque la gran mayoría complementa su dieta con frutas y semillas.

Por su parte, Mancina *et al.* (2002) determinaron en su estudio de las plantas pioneras en la dieta de aves y murciélagos en la Reserva de la Biosfera «Sierra del Rosario», que *M. nigra* consumía los frutos de varias especies entre las que se encontraba *P. pubescens,* por lo que los frutos de las especies de este género, están formando parte de la dieta de esta especie.

Estas especies de aves mencionadas pudieran clasificarse como frugívoras facultativas dado que complementan sus dietas con elementos de origen animal coincidiendo con lo planteado por Mancina *et al.* (2002).

La dominancia de *S. pityophila* en esta área no se corresponde con lo planteado por con Parada y Pérez (2012) en que el hábitat de esta especie está circunscrito, en la región occidental de la Isla, a bosques aciculifolios de *P. caribaea.* Por otra parte, durante la etapa reproductiva, se observaron algunos individuos en el bosque de galería adyacente, en las orillas del río Banao y en las pequeñas cañadas que hay dentro de los pinares. En esta etapa, al parecer, la especie se vuelve más flexible y explota otros hábitats en busca de recursos que le son necesarios para la reproducción.

Según las curvas de rarefacción se obtuvo un buen muestreo coincidiendo con lo planteado por Villareal *et al.* (2006) en que estas cuando son asintóticas o tienden a descender, indican que se ha logrado un buen muestreo siendo representativo. Lo anterior se basa en el supuesto de que en la naturaleza no existen individuos solos, sino poblaciones; por ende, si se tienen muchos singletons o uniques en un muestreo, indica que no se ha censado un número suficiente de individuos o realizado suficientes repeticiones.

La distribución de las aves en los estratos pudiera deberse a la variación en la densidad de la vegetación presente en cada uno de estos, con diferencias en la disponibilidad de recursos para las aves.

entre los que se pudieran resaltar: las fuentes de alimento y los sitios para la nidificación, incidiendo en la distribución de las mismas en dichos estratos.

Este resultado se encuentra en correspondencia con lo reportado por Sáenz *et al.* (2000) quienes encontraron una alta correlación entre la riqueza de especies de aves y la riqueza y cobertura de la vegetación.

Esto se encuentra en correspondencia con lo planteado por Plasencia *et al.* (2009) en que la segregación a diferentes alturas de forrajeo es particularmente común en aves insectívoras del follaje.

Estos cambios pudieran estar relacionados con las variaciones que ocurren en la estructura del follaje y la disponibilidad de alimento. Lo cual indica según Pickett y Thompson en 1978; Santos y Tellería (2000) citados por Ugalde *et al.* (2009), que a mayor heterogeneidad vertical del hábitat puede existir una mayor variedad de recursos alimenticios dispuestos de manera más regular y que se encuentran disponibles para ser aprovechados por las diferentes especies de aves. Por otra parte, las diferencias en el manejo que recibieron ambos pinares también podrían explicar estos resultados como se ha demostrado en otros pinares de Norteamérica.

Las características de la vegetación en los pinares estudiados donde la estructura vertical es compleja, formada por diferentes niveles (herbáceo, arbustiva y arbórea) permite el hábitat de una gran variedad de especies de aves, estableciéndose en el bosque una interacción ecológica planta animal, tipo un mutualismo, ya que las plantas le brindan alimento y refugio a las aves, entre otros beneficios y éstas a su vez, retribuyen, transportando el polen en sus plumas y pico y contribuyendo a la diseminación de la semilla y al saneamiento ambiental Arcos *et al.* (2008).

Sánchez *et al.* (2000) reportaron variaciones en la conducta de forrajeo y en la dieta de algunas bijiritas migratorias y como estas utilizaban los nichos de otras especies que no se encontraban en el lugar, lo cual demuestra la plasticidad de algunas aves y es un ejemplo más de cómo estas responden ante las variaciones que pueden ocurrir en el hábitat.

Greenberg (1981) argumenta que bosques tropicales maduros sin alteración exhiben un mayor número de individuos de diferentes especies de aves en el dosel, mientras que en los estratos bajos se presentan menos individuos y especies. En contraste, hábitats con un grado de alteración moderada permiten un mayor número de individuos de diferentes especies y presentan una distribución más homogénea de éstas sobre los diferentes estratos; es decir, la mayoría de las aves en este tipo de bosques generalmente no se limitan a algún estrato en particular, sino que se vuelven más flexibles en la utilización de ellos García *et al.* (1998); Bojorges y López, (2006); Ugalde *et al.* (2009).

La distribución de las aves según los períodos y estratos varió probablemente por coincidir con la etapa de migración invernal donde se puede evidenciar la presencia de competidores más fuertes que pudieran ser otras especies de bijiritas, las cuales llegan a Cuba en fechas tan tempranas como julio, pero el grueso arriba en octubre aprovechando los vientos de los frentes fríos que llegan a nuestro país Llanes *et al.* (2002).

CONCLUSIONES

1. En los meses que se realizó la investigación (marzo y abril), se identificaron un total de 32 especies de aves, las cuales se agruparon en 11 órdenes, 18 familias y 30 géneros. El orden Passeriformes y las familias Parulidae, Tyrannidae e Icteridae fueron los mejores representados en cuanto al número de especies. a 8 órdenes y 18 familias. Además, tres especies se encuentran amenazadas, una de ellas en la categoría de En Peligro (EN) y otras dos como vulnerables (VU). La gran mayoría de las especies observadas corresponden al grupo de las aves insectívoras.
2. Quedó demostrada la relación entre ornitocenosis y fitocenosis. Varias especies de aves se asociaron en mayor medida a: **Pinus caribaea y Callophillum antillanum**, existiendo una estratificación vertical de las especies, distribuyéndose la mayor diversidad y abundancia de estas entre los estratos medio y alto.

REFERENCIAS BIBLIOGRÁFICAS

Å   Alonso *et. al.,* 2008. Estructura y composición de las comunidades de aves asociadas a pinares de la EFI ñMinas de Matahambresò Tesis en opción al título de Máster en Ciencias Forestales, Universidad de Pinar del Río.

Å   Acosta, M., M. E. Ibarra y E. Fernández (1988): Aspectos ecológicos de la avifauna de Cayo Matías (Grupo insular de los Canarreos,Cuba). **Poeyana**, 360: 1-11.

Å   Alonso Y., y Hernández, F., (2008): Estructura y composición de comunidades de aves en áreas naturales de *Pinus tropicalis* Morelet, de la EFI, ñMinas de Matahambreò

Å   AOU- check ï list of North American Birds (2007). Disponible en: www.birds.com.ru/**north-american-birds.htm**

Å   Berovides, V., H. González y M. E. Ibarra (1982): Evaluación ecológica de las comunidades de aves del área protegida de Najasa (Camagüey). **Poeyana**, 239: 1 - 13.

Å   Centro Nacional de Biodiversidad - Cuba. (2007). Diversidad biológica cubana. Aves. Ministerio de Ciencia, Tecnología y Medio Ambiente, Agencia de Medio Ambiente. 12 pp. [1]. Consultada el 16/7/2007.

•   Emlen, J. T (1972): Population densities of birds derived from transect cennts auk, 88 (2) pp. 323-342.

Å   Garrido, O. H. y Kirkconnell, A. (2000): Field Guide to the Birds of Cuba. Cornell University Press, Ithaca, New York.

Å   González A, H; Llanes S, A; Sánchez O, B; Rodríguez B, D; Pérez M, E; Blanco R, P; Oviedo P, R y Pérez H, A., (1999): Estado de las comunidades de aves residentes y migratorias en ecosistemas cubanos en relación con el impacto provocado por los cambios globales. Instituto de Ecología y Sistemática. Cuba.

Å   González, O. H.; Álvarez, M.; Hernández, J. y Blanco, P. (2001): Composición, abundancia y subnicho estructural de las comunidades de aves en diferentes hábitats de la Sierra del Rosario, Pinar del Río. Poeyana 481-483, 6-19pp.

Å   González, H. ; Llanes, A; Sánchez, B; Rodríguez, D; Blanco, P; Rodríguez, P. (2002), ñAves de Cubaò Instituto de Ecología y Sistemática.

- Greenberg, R., 1981. The abundance and seasonality of forest canopy birds on Barro Colorado Island, Panama. Biotrópica, vol. 13 (4), pp. 241-251.
- Å Hayes, F. E., (1996): Seasonal and geographical variation in resident waterbird populations along the Paraguay River. Hornero, 14: 14-26.
- Å Hernández-Martínez, F. R. ; Y. Alonso-Torrens ; R. Sotolongo; Y. Sánchez. Ra Ximhai Vol. 4. Número 2, mayo ï agosto 2008, pp. 215-233.
- Å Hutto, R. L., S. M. P. Letschet y P. Hendricks (1986): A fixed- radius point count methods for nonbreeding and breeding season use. Auk (103): 593-602.
- Å James, F. C. y H. Shugart, (1970) : A quantitative method of habitat description. Audubon Field Notes, 24: 727-736.
- Å Kirkonnell, A y Orlando Garrido (2011): Guía de las Aves Cuba.
- Å Kirkonnell, A y Orlando Garrido (1992): Los Grupos tróficos en la Avifauna Cubana. Revista Poeyana. Instituto de Ecología y Sistemática. Academia de Ciencia de Cuba. pp. 1-13.
- Å Llanes, A. Sosa; González, H.; Pérez, E. y Bárbara Sánchez (2002): Lista de las Aves Registradas para Cuba; Aves de Cuba. Instituto de Ecología y Sistemática. ISBN 059-02-0349-3.
- Mancina, C., García, L., Hernández, F., Muñoz, B. y Capote, R., 2002. Las plantas pioneras en la dieta de aves y murciélagos de la Reserva de la Biosfera «Sierra del Rosario», Cuba. Acta Botánica Cubana, vol. 193, pp.
- Å Méndez M y Derriba J, (2002): Estudio de la conducta trófica de las aves: una vía para proteger su biodiversidad. Disponible en: http://www.monografias.com/trabajos12/impact/impact.shtm l. Consultada: 23 Enero 2020, 10:00 PM.
- Å Méndez, Y, (2003): Evaluación de la avifauna asociada a los ecosistemas forestales de montaña del ïValle de San Andrésò tesis de grado.
- Å Merek, T (2004): Estado actual de la avifauna asociada a ecosistemas de montaña de la EFI ïLa Palmaò con fines de conservación. Tesis en opción al título académico de Máster en Ciencias.
- Å Sánchez, R. (2007): Estructura y composición de las comunidades de aves asociadas a áreas naturales de *Pinus tropicalis* Morelet. Estudio de caso EFI ïMinas de Matahambreò Trabajo de Diploma, Universidad de Pinar del Río.

- Sánchez, B., Navarro, N. y Oviedo Pérez, R., 2000. Variaciones en la conducta de forrajeo y en la dieta de algunas especies de bijiritas (Aves: Emberizidae) en la altiplanicie pinares de Mayarí, Holguín. Pitirre, vol. 13 (2), pp. 35-36.
- Villarreal, H., Álvarez, M., Córdoba-Córdoba, S. y Escobar, F., 2006. Manual de métodos para el desarrollo de inventarios de biodiversidad. Programa de Inventarios de Biodiversidad [en línea]. Segunda edición. Bogotá, Colombia: Instituto de Investigación de Recursos Biológicos Alexander von Humboldt. ISBN 8151-32-5. Disponible en: https://www.sib.gov.ar/archivos/IAVH-00288.pdf
- Wunderle, Joseph M. Jr. (1994): Métodos para Contar Aves Terrestres del Caribe. Folleto. Pp. 1-15.

ÍNDICE

Introducción..4

Materiales y métodos..6

Resultados..23

Discusión..35

Conclusiones...38

Referencias bibliográficas....................................39

ANEXOS

Anexo 1. Lista de especies de aves presentes en el pinar de La Sabina.

CATEGORÍAS TAXONÓMICAS DE TODO EL ENSAMBLE	Categorías Permanencia	Gremios Tróficos	Estatus
Orden **CICONIIFORMES**			
Familia **ARDEIDAE**			
Bubulcus ibis (Garza Ganadera)	(RP) CC	IS	C
Familia **CATHARTIDAE**			
Cathartes aura (Aura Tiñosa)	(RB) CC	N	C
Orden **FALCONIFORMES**			
Familia **ACCIPITRIDAE**			
Buteo jamaicensis (Gavilán de Monte)	(RP) CC	D	C
Accipiter striatus (Gaviláncito)			
Familia **FALCONIDAE**			
Falco sparverius (Cernícalo)	(RB) CC	D	C
Orden **GALLIFORMES**			
Familia **PHASCIANIDAE**			
Colinus virginianus (Codorniz)	(RP) CC	G	R
Orden **GRUIFORMES**			

Familia **ARAMIDAE**			
Aramus guarauna "Guarea"	(RP) CC	IS	C
Orden **CHARADRIIFORMES**			
Familia **CHARADRIIDAE**			
Charadrius vociferus " Títere Sabanero"	(RB) CC	IS	C
Orden **COLUMBIFORMES**			
Familia **COLUMBIDAE**			
Geotrygon montana "Boyero"	(RP) CC	G	C
Zenaida macroura "Paloma Rabiche"	(RP) CC	G	C
Zenaida asiatica "Paloma Aliblanca"	(RP) CC	G	C
Columbina passerina "Tojosa"	(RP) CC	G	C
Orden **CUCULIFORMES**			
Familia **CUCULIDAE**			
Crotophaga ani "Judío"	(RP) CC	IS	C
Saurothera merlini "Arriero"	(RP) CC	D	C
Coccysus americanus "Primavera"	(RV) CC	D	R
Orden **STRIGIFORMES**			
Familia **STRIGIDAE**			
Otus lawrencii "Sijú Cotunto"♂*	(RP) CC	D	C
Glaucidium siju "Sijú Platanero"♂*	(RP) CC	D	C
Asio stygius "Siguapa"	(RP) CC	D	R
Orden **CAPRIMULGIFORMES**			
Familia **CAPRIMULGIDAE**			

Chordeiles gundlachii "Querequeté"	(RV) CC	IA	C
Caprimulgus cubanensis "Guabairo"	(RP) CC	IA	C
Orden APODIFORMES			
Familia APODIDAE			
Tachornis phoenicobia "Vencejito de Palma"	(RP) CC	IA	C
Familia TROCHILIDAE			
Ricordia ricordii "Zunzún"	(RP) CC	NI	C
Orden TROGONIFORMES			
Familia Trogonidae			
Priotelus temnurus	(RP) CC	IFr	C
Orden CORACIIFORMES			
Familia TODIDAE			
Todus multicolor "Cartacuba" "Pedorrera" *	(RP) CC	IP	C
Orden PICIFORMES			
Familia PICIDAE			
Melanerpes superciliaris "Carpintero Jabado"	(PR) CC	IT	C
Sphyrapicus varius "Carpintero de Paso"	(RI)	IT	C
Xiphidiopicus percussus "Carpintero Verde" *	(RP) CC	IT	C
Orden PASSERIFORMES			
Familia TYRANNIDAE			
Contopus carbaeus "Bobito Chico"	(RP) CC	IP	C
Myarchus sagrae "Bobito Grande"	(RP) CC	IP	C

Tyrannus dominicensis ïPitirre Abejeroꜜ	(RV) CC	IP	C
Tyrannus caudifasciatus ïPitirre Guatíbereꜜ	(RP) CC	IP	C
Familia **HIRUNDINIDAE**			
Petrochelidon fulva ïGolondrina de Cuevasꜜ	(RV) CC	IA	C
Familia **MUSCICAPIDAE**			
Turdus plumbeus ïZorzal Realꜜ	(RP) CC	IS	C
Familia **MIMIDAE**			
Dumetella carolinensis ïZorzal Gatoꜜ	(RI)	IS	C
Mimus polyglottos ïSinsonteꜜ	(RP) CC	IFr	C
Familia **SYLVIIDAE**			
Polioptila caerulea ïRabuitaꜜ	(RI)	IP	C
Familia **VIREONIDAE**			
Vireo gundlachii ñJuan Chivíơ*	(RP) CC	IFr	C
Vireo altiloquus ïBien- te-veoò	(RV) CC	IFr	C
Familia **PARULIDAE**			
Mniotilta varia ïBigirita Trepadoraꜜ	(RI)	IT	C
Dendroica tigrina ïBijirita Atigradaꜜ	(RI)	IF	C
Dendroica caerulescens ïBijirita Azul de Garganta Negraò	(RI)	IF	C
Dendroica discolor ïBijiritaꜜ	(RI)	IF	C
Dendroica dominica ïBijirita de Garganta Amarillaꜜ	(RI)	IF	C
Dendroica palmarum ïBigirita Comúnꜜ	(RI)	IF	C
Geothlypis trichas ïCareticaò	(RI)	IF	C

Setophaga ruticilla ñCandelitaò	(RI)	IF	C
Seiurus aurocapillus ñSeñorita de Monteò	(RI)	IS	C
Familia THRAUPIDAE			
Spindalis zena ñCabreroò	(RP) CC	G	C
Familia EMBEREZIDAE			
Tiaris canorus ñTomeguín del Pinarò*	(RP) CC	G	C
Tiaris olivacea ñTomeguín de la Tierraò	(RP) CC	G	C
Melophyrra nigra ñNegritoò	(RP) CC	G	C
Familia CARDINALIDAE			
Passerina cyanea ñAzulejoò	(RI)	G	R
Familia ICTERIDAE			
Dives atroviolacea ñTotíò*	(RP) CC	IFr	C
Icterus dominicensis ñSolibioò	(RP) CC	IFr	C
Quiscalus niger ñChichinguacoò	(RP) CC	IFr	C
Sturnella magna "Sabanero"	(RP) CC	IS	C

Leyenda:

**Categorías de permanencia
Estatus**

(RP) residente permanente.

(RB) residente bimodal.

(RI) residente invernal.

(RV) residente de verano.

(CC) cría en Cuba.

Endemismo.

Gremios tróficos

(IS) insectívoro de suelo.

(N) necrófago.

(D) depredador.

(G) granívoro.

(Ifr) insectívoro ï frugívoro.

(IP) insectívoro de percha.

(IF) insectívoro de follaje.

(C) común

(R) raro

**Especie endémica

(O) omnívoro.

(NI) nectarívoro ï insectívoro.

(IT) insectívoro de tronco.

Printed by Books on Demand GmbH, Norderstedt / Germany